Dʳ FRANÇOIS CROS

SUR LES

EMPOISONNEMENTS

Provoqués

Par les Viandes Avariées

SUR LES EMPOISONNEMENTS

PROVOQUÉS

PAR LES VIANDES AVARIÉS

SUR LES EMPOISONNEMENTS

PROVOQUÉS

PAR LES VIANDES AVARIÉES

PAR

François CROS

Docteur en Médecine

MONTPELLIER

IMPRIMERIE GROLLIER, ALFRED DUPUY SUCCESSEUR

Boulevard du Peyrou, 7

1906

A MON PÈRE

A MA MÈRE

A MES FRÈRES

F. CROS.

Lors de mon séjour à Rennes, où je terminais ma quatrième année d'études, il m'a été donné d'assister à quelques cas d'empoisonnement par viande toxique rappelant les épidémies déjà décrites et presque classiques aujourd'hui de Siraul et Ellezelle (Hainault), de Frankenhausen et Neunkirchen (Allemagne).

Quoique moins étendue et moins meurtrière que les précédentes, l'épidémie souleva dans la contrée une émotion si vive qu'elle provoqua de la part du maire et des médecins traitants les deux lettres suivantes adressées, presqu'en même temps, au Préfet du Département.

« X (1), le 10 septembre 19…

» Monsieur le Préfet,

» J'ai l'honneur de vous informer que le public est inquiet par suite de plusieurs décès qui viennent de se produire

(1) En raison de la nature récente des faits et des ennuis sinon préjudices qui pourraient résulter de leur publication, j'ai été prié de vouloir bien taire le nom de cette commune.

dans la commune. On craint une épidémie dont on ignore les causes. Pour rassurer la population, je vous prie, Monsieur le Préfet, de vouloir bien faire déléguer un membre du service du Bureau d'hygiène pour en rechercher les causes.

» Agréez, etc.

» *Le Maire de X.*»

Voici maintenant la lettre des médecins traitants :

« *X., le 11 septembre 19...*

» Monsieur le Préfet,

» Nous avons l'honneur de porter à votre connaissance ce qui suit :

» Le mercredi 23 août dernier différentes personnes, qui s'aidaient mutuellement à battre leur récolte, ont été le lendemain atteintes de symptômes très graves, ayant grande ressemblance avec la fièvre typhoïde. Plusieurs malades ayant déjà succombé, d'autres étant encore gravement atteints, l'opinion publique étant très inquiète, nous vous serions obligé, tant au point de vue de notre responsabilité qu'au point de vue de la propagation de la maladie, de vouloir bien faire rechercher les causes de l'endémie par la commission d'hygiène départementale.

» Recevez, Monsieur le Préfet, etc., etc...

» *Les Médecins traitants.*»

L'origine et la nature de cette épidémie étaient, on le verra plus loin, assez difficiles à établir, surtout si l'on veut bien se rappeler que toutes les personnes atteintes, après un dernier repas pris en commun, s'étaient dispersées dans leurs villages respectifs et qu'elles y étaient soignées par des médecins différents.

Cependant, grâce à l'enquête approfondie à laquelle se livra le médecin délégué par la commission du Conseil d'hygiène, on parvint à établir les véritables causes et par suite même la nature de cette nouvelle affection. Son rapport, dont nous nous sommes inspirés, indiquant mieux que nous ne saurions le faire les circonstances dans lesquelles s'est développée l'épidémie, on nous permettra d'en citer quelques passages.

« .... Pendant le mois d'août dernier, seize personnes se sont transportées de ferme en ferme afin de battre à la machine à vapeur le blé qu'on y avait récolté et, durant quinze jours consécutifs environ, elles ont fourni au moment des grandes chaleurs un travail considérable et continu, de sorte qu'à la fin de cette période toutes étaient extrèmement surmenées.

» Le 24 août, dernier jour du travail, il fut servi à ces ouvriers, au repas du matin, par la maîtresse de la ferme, du lard et de la viande de vache cuite par ébullition dans l'eau pendant deux heures à peu près. Les personnes ayant ingéré de cette viande furent prises dans la nuit de symptômes graves toxi-infectieux. Sur ces seize malades, quatre sont morts au bout de huit à dix jours ; les autres entrent actuellement en convalescence.

» D'après les renseignements qui nous ont été fournis par ces derniers, la viande servie provenait d'un animal tué cinq jours auparavant et avait tout le caractère de viande saine,

Après salaison, elle avait été conservée dans un vase en grès et placée au frais dans un cellier. Une fois cuite, elle n'aurait présenté, toujours d'après ce qui nous a été rapporté, rien de spécial au point de vue organoleptique. Il importe cependant de noter que les ouvriers ayant pris part au battage avaient bu, la veille, de l'eau d'une fontaine à ciel ouvert, située dans un coin de la ferme, à proximité de fumiers ; mais l'analyse n'ayant rien démontré de particulier à ce sujet, il n'a pas été possible d'incriminer cette cause.

» De ces faits, il semble possible de conclure qu'il s'agit ici d'accidents toxi-infectieux d'ordre spécial dont il est assez difficile pour l'instant du moins de déterminer les conditions, mais dans lesquels le surmenage par un travail prolongé et répété au moment des fortes chaleurs a joué très certainement un rôle des plus importants.

» Aucun cas nouveau n'étant depuis lors survenu, il ne nous a pas semblé utile de prendre des mesures d'hygiène spéciales à ce sujet. Il convient toutefois d'attirer l'attention de la population sur la nécessité qu'il y a, au moment des forts travaux de l'été, de surveiller plus particulièrement l'alimentation et les eaux. »

*
* *

Avant toute remarque au sujet d'accidents de ce genre, ne voulant d'ailleurs en rien préjuger sur la nature et l'origine de l'affection que je viens de relater, il ne m'a pas semblé inutile de reprendre un peu cette question, si complexe encore des viandes toxiques.

Je traiterai d'abord aussi succintement que possible l'historique du sujet. J'essayerai ensuite de montrer quelles ont été

les idées et les théories successivement émises pour expliquer
la genèse des accidents observés ; je n'en retiendrai que les
principales, celles qui m'ont paru les plus conformes à la
réalité et en ferai l'objet d'un développement plus complet.

Après quelques considérations sur cette épidémie, dont j'ai
été un des témoins, je m'efforcerai de mettre en relief les
erreurs d'interprétation auxquelles peut donner lieu la symp-
tomatologie de pareils empoisonnements.

Je terminerai enfin en tâchant d'indiquer la prophylaxie et
les mesures qu'il y aurait lieu de prendre pour éviter le re-
tour de pareils accidents : accidents qui deviennent de plus
en plus fréquents, aujourd'hui surtout où l'alimentation par
viande conservée tend à prendre une si grande extension.

C'est là une question de la plus haute importance, je pourrais
même dire d'actualité.

*
* *

Les propriétés toxiques des viandes altérées par la putréfaction étaient connues de la plus haute antiquité : la toxicité
du sang de taureau, probablement putréfié, est maintes fois
affirmée par les auteurs grecs et, si l'on croit Plutarque,
c'est ce poison qu'aurait choisi Thémistocle pour se donner
la mort. C'est sans doute aussi une vague notion de leurs
dangers qui fit proscrire par les anciennes lois religieuses
l'usage alimentaire de certaines catégories de viandes, celle
de porc en particulier. Mais ce n'étaient là, à vrai dire, que des
suppositions plus ou moins justifiées et il est fort probable
que de nombreux accidents dus à l'ingestion de viandes
avariées se produisirent de tout temps, sans qu'il fut possible
de les rattacher à leur véritable cause.

De pareilles études, sur une question aussi délicate, exigeaient, en effet, des connaissances et une technique peu compatible avec les procédés d'investigation dont on pouvait alors disposer.

Il faut cependant remarquer que, bien avant la connaissance des microbes, à une époque où l'on ne soupçonnait même pas la nature animée des agents putréfactifs, on était malgré tout arrivé à des résultats intéressants dans l'étude des poisons que peuvent produire les fermentations.

A la fin du xviiie siècle, Seyber, de Berlin, démontra en 1758 qu'une solution d'une macération de viande est douée d'un haut pouvoir pathogène.

La question fut reprise par Gaspard, de St-Etienne, qui poursuivit sur ce sujet une série de recherches fort remarquables dont les résultats furent confirmés et complétés par Magendi, Wirchow, Stich et surtout par Panum qui, en 1856 isola un poison dont il compara les effets à ceux des venins. Mais il ne suffit pas de constater la toxicité des matières pourries, il faut encore rechercher à quelles substances elles doivent leur action nocive. Or, les corps qui prennent naissance pendant la putréfaction sont excessivement nombreux et varient d'ailleurs suivant une foule de circonstances.

Tous les expérimentateurs furent cependant d'accord pour mettre hors de cause, dans la toxicité des matières, les gaz, acide gras, substances aromatiques et corps amidés résultant du processus de la putréfaction. Restaient alors les albuminoïdes et les bases.

Panum, en 1856, ne s'expliqua pas beaucoup sur la constitution chimique de ces poisons et n'osa dire s'il fallait incriminer une ou plusieurs substances, mais il affirmait encore, en 1874, qu'il ne s'agissait sûrement pas d'un alcaloïde. C'était pourtant l'opinion inverse qui gagnait chaque jour du terrain. Dès 1860, Dupré et Berrce Jones avaient extrait d'organes putréfiés une substance dont le sulfate était fluorescent et, bien qu'ils ne fussent pas arrivés à obtenir la cristallisation de ce produit, ils le qualifièrent de quinoïdine animale, par analogie avec le sulfate de quinine.

Ce furent surtout les travaux de. Gauthier et de Selmi qui, en 1871, firent rentrer la question dans une voie nouvelle, vraiment scientifique cette fois. Ils découvrirent presque simultanément que la putréfaction de l'albumine donne naissance à des substances douées de propriétés alcaloïdiques, et leur donnèrent le nom de ptomaïnes. Dans leurs travaux d'ensemble sur cette importante question, ils montrèrent que ces ptomaïnes se rapprochent beaucoup des alcaloïdes végétaux, qu'elles produisent des troubles pupillaires, des irrégularités cardiaques, de la narcose, des convulsions, et entraînent finalement la mort par arrêt du cœur en systole.

Dès lors, les travaux relatifs aux ptomaïnes, ou plus modestement aux substances extraites des matières animales en voie de putréfaction, se multiplièrent à l'infini, mais il faut bien reconnaître que la plupart d'entre eux portant sur des substances non définies et dont on n'a pas suffisamment précisé les conditions de formation n'ont qu'un intérêt des plus restreint.

Les observations les plus intéressantes à ce propos furent faites par des médecins militaires à l'occasion d'épidémies survenues dans des régiments par suite d'ingestion soit de viande de conserve proprement dite soit de viandes livrées comme fraîches par des fournisseurs peu scrupuleux. L'introduction de conserves en boîte dans l'alimentation des troupes en campagne fournit, elle aussi, par les nombreux accidents qu'elle provoqua, un appoint considérable à l'étude de cette importante question. On ne trouve d'abord que de simples observations éparses, comme celles de Menil, la première en date (1874); de Niepce, 1878; de Neumann, 1879. Bientôt après, cependant, tant en France qu'à l'étranger, les

publications de ce genre se succèdent sans interruption, soit
que les intoxications de cette nature fussent devenues plus
fréquentes, soit qu'elles fussent mieux rattachées à leurs
véritables causes.

D'après les renseignements épars recueillis dans les rela-
tions précédentes, les symptômes observés étaient toujours
les mêmes. L'affection, au point de vue clinique, revêtait les
allures d'une gastro-entérite intense et, par sa marche parfois
véritablement foudroyante, laissait supposer une attaque de
choléra ou un empoisonnement par sels métalliques (tartre,
stibié et arsenic). Les débuts étaient marqués par une soif
vive, une sécheresse extrême de la gorge, des nausées
accompagnées de crampes d'estomac bientôt suivies de vomissements alimentaires d'abord, bilieux ensuite. Venaient enfin
de violentes coliques accompagnées de diarrhée extrêmement
fétide, le tout dominé par un symptôme qui ne faisait jamais
défaut : un abattement et une adynamie profonde que n'ex-
pliquaient ni les efforts de vomissements, ni les selles
diarrhéiques.

Dans les cas légers, les accidents cessaient bientôt et fai-
saient place à un état saburral ; dans les cas graves, ils se
prolongeaient et aboutissaient soit à l'état cholériforme, soit
à la mort.

Si l'on écarte l'hypothèse, peu vraisemblable d'ailleurs,
d'un empoisonnement métallique (sel de plomb de l'étamage,
ou substances introduites en vue d'assurer la conservation de
la viande), deux théories restent en présence pour expliquer
la pathologie des accidents : théorie de l'infection et théorie
de l'intoxication. Les viandes incriminées renferment-elles
des microbes vivants ? Si oui, ces microbes sont-ils capables
de provoquer les accidents que nous venons de décrire, ou
bien ces accidents sont-ils imputables à une ptomaïne et
comment cette ptomaïne s'est-elle développée ?

Nous ne relaterons pas tout au long les expériences entreprises à ce sujet en 1888 par M. Poincarré de Nancy, et
avec d'autant plus de raisons que ses conclusions tendant à
admettre l'existence des microbes dans les viandes suspectes
furent infirmées peu après par Fernbach (*Ann. de l'Institut
Pasteur*, 1888).

Il est regrettable que les travaux entrepris à ce sujet par
le médecin principal, M. Vaillard, n'aient fait l'objet d'aucune
publication et que le rapport adressé par lui en 1892 au
Ministère de la Guerre ne soit pas sorti de ces bureaux.

Quoiqu'il en soit, les diverses analyses de conserves pra-
tiquées à la suite d'intoxications survenues en 1894, aux
manœuvres d'automne, permirent à M. Vaillard de constater une fois de plus la rareté de la présence de microbes
vivants et le développement exclusif, en cas de résultats posi-
tifs, de bactéries aérobies absolument inoffensives.

En présence de tels faits, une conclusion s'impose : les
accidents consécutifs à l'ingestion de conserves de viande ne
sauraient être attribués à la présence de microbes vivants.

S'expliquent-ils mieux par l'existence dans la viande d'une
ptomaïne ? La clinique des accidents observés fournit quelques arguments en faveur de la doctrine de l'intoxication :
la brusquerie des symptômes qui atteignent presque d'emblée
leur accuité maximum, l'étroite relation qui existe entre
l'intensité des accidents et la quantité des aliments ingérés,
cadrent très bien avec le rôle causal d'une ptomaïne.

Il nous faut donc examiner en détail ce que sont ces corps
si complexes et si peu définis au point de vue chimique
auxquels on attribuait naguère encore les accidents dont nous
venons de parler. Ces ptomaïnes, bien étudiées par Breiger,
sont des bases azotées, déchets ultimes provenant de la désa-
grégation graduelle des matières albuminoïdes attaquées par
les divers agents de la putréfaction. Leur toxicité était même,

dans ces dernières années, considérée comme très variable de nature et d'intensité ; si quelques-unes passaient pour inoffensives, d'autres figuraient, par contre, au nombre des poisons les plus violents. Cependant, si ces ptomaïnes se rencontrent d'une façon presque constante dans les matières organiques mortes, leur absorption n'est que rarement suivie d'accidents. Il n'y aurait pour s'en convaincre qu'à rappeler toutes les circonstances dans lesquelles des naufragés ou des mineurs ensevelis vivants (tels ceux de Courrières) ne durent la conservation de leur existence qu'à l'usage de matières organiques déjà altérées, sans qu'il en résulta pour cela chez eux des troubles digestifs trop marqués. Il va sans dire que de là à affirmer une innocuité toujours parfaite de ces aliments il y a loin, mais il n'en est pas moins vrai que leur ingestion est rarement suivie d'accidents analogues à ceux dont il a été plus haut question. Ce qui tendrait d'ailleurs à confirmer notre hypothèse, c'est que la plupart des accidents observés ont été produits par des viandes abattues à peine depuis trois ou quatre jours, à un moment où elles n'avaient, par conséquent, subi aucune espèce de putréfaction. Ne voyons-nous pas, en outre, les carnassiers n'être nullement incommodés par les vieux restes de boucherie, et par les cadavres d'animaux qui constituent souvent leur nourriture habituelle, tandis qu'ils tombent, eux aussi, malades à la suite d'ingestion de viandes toxiques proprement dites : tel le chien terre-neuve du « Crocodile ». (Thèse de Guégand, 1888).

Enfin, les dernières recherches entreprises à ce sujet nous ont montré qu'il ne suffit pas d'injecter sous la peau d'un animal une émulsion de substances plus ou moins putréfiées pour amener chez lui une intoxication. Il faut, pour atteindre ce but, que les microbes injectés soient d'une nature spéciale et tout autres que ceux de la putréfaction.

Il nous est donc impossible d'admettre que les ptomaïnes seules puissent provoquer des accidents dans le genre de ceux par nous relatés et cela s'explique assez bien. Ces ptomaïnes, en effet, sont des composés très peu stables ; quels que soient les procédés employés pour assurer leur conservation, elles sont très altérables à l'air ou la lumière et se décomposent aussi rapidement en présence des acides et des chlorures alcalins de l'économie.

Tout ceci tend donc à prouver que ce n'est pas la putréfaction banale qui rend les viandes dangereuses, mais bien une altération spéciale de nature toute particulière et absolument différente de la cause qui produit les ptomaïnes.

Restait à élucider la nature et l'origine du poison en question.

C'est sur ce point que portèrent alors les recherches, mais celles-ci n'aboutirent vraisemblablement à aucun résultat bien appréciable, puisqu'en désespoir de cause on songea à attribuer les épidémies observées à ce moment à la trichinose. L'hypothèse était sans doute un peu hardie, mais en l'absence presque complète de symptômes caractéristiques de cette maladie, hormis toutefois celui de la constatation même du parasite, elle était en partie justifiée.

Si l'examen microscopique de l'élément musculaire fit exclure la possibilité de cette affection, elle orienta les études vers une voie nouvelle et fit faire à la question un véritable progrès.

En examinant des boîtes de conserve, Poincarré, le premier, en 1889, remarqua qu'au lieu de présenter leur double striation caractéristique plusieurs fibres musculaires étaient en voie de dégérescence vitreuse ; il fit remarquer ensuite que la cuisson n'altérant pas la double striation des muscles, cette transformation était antérieure à la mise en boîte.

«C'est, dit-il, un phénomène pathologique dont au touchera

2

la cause du doigt si on se rappelle la fréquence des dégéné-
rescences musculaires au cours des maladies infectieuses ».
Serrant la question de plus près, Vaillard parvint, à l'aide de
couleurs basiques d'aniline, a déceler dans les fibres musculaires une quantité parfois prodigieuse de micro-organismes.
L'examen des fibres musculaires qui avaient conservé leur
structure normale donna des résultats identiques, mais dans
les deux cas les ensemencements pratiqués avec cette viande
donnèrent des résultats négatifs ; les microbes étaient donc
morts, il fallait chercher leur origine.

Comme le fait observer M. Vaillard, les microbes préexis-
taient certainement à l'abattage de la viande et celle ci provenait dès lors d'animaux atteints de maladies infectieuses
puisque la chair musculaire recueillie aussitôt après la mort
chez un animal sain ne contient aucun germe. D'autre part,
dans les fabriques de conserves alimentaires, l'intervalle de
temps qui s'écoule entre le dépeçage de la bête et la mise en
boîte est par trop court pour expliquer pareille pullulation.
Et en supposant même qu'il y aurait eu contamination acci-
dentelle en ce moment là, elle n'expliquerait pas la dégéné-
rescence musculaire décelée à l'examen anatomo-pathologi-
que. Les microbes aérobies, en effet, ne sauraient vivre et
se reproduire dans un milieu privé d'air comme une boîte de
conserve ; d'un autre côté, la caractéristique des espèces anaé-
robies est de fabriquer des gaz, or aucune des boîtes soumises
à l'observation n'en contenait.

Ce que nous venons de dire à propos de viande de conserve s'applique tout aussi bien aux viandes fraîches de boucherie, puisque la toxine est contenue dans les tissus de
l'animal encore vivant et préexiste à la mise en boîte ; elle
n'est plus dès lors comme on l'avait soupçonné jusqu'à ce
moment-là une conséquence de la putréfaction.

Effectivement, si nous en croyons les vétérinaires belges, a plupart des empoisonnements par les viandes sont causés par des animaux morts ou malades de cette affection désignée sous le nom générique de pneumo-entérite infectieuse. Cette maladie, dont l'identité spécifique n'est malheureusement nullement démontrée, a pour caractères principaux les symptômes suivants : diarrhée sanguinolente très fétide, broncho-pneumonie lobulaire avec infarctus hémorragiques et pleurésie, amaigrissement, boiterie, suffusion sanguine de la peau et du tissu cellulaire des organes. La maladie infectieuse chez l'animal a permis l'accumulation dans ses tissus de toxalbumines que la cuisson la plus prolongée ne modifie pas. Les propriétés virulentes inhérentes à la matière organique dans cette pneumo-entérite ne s'éteignent pas immédiatement avec la vie, quoiqu'en dise un aphorisme proverbial qui fait mourir la bête avec le venin. Cette matière toxique conserve encore, en effet, son acuité pendant un certain temps, en sorte que le cadavre pris en bloc ou ses différentes parties peuvent servir de véhicule à la contagion et devenir ainsi des agents de transmission.

Les propriétaires de ces bestiaux malades, craignant de les voir saisis dans un abattoir surveillé, les sacrifient dans des tueries particulières qui sont soustraites à tout contrôle. Elles sont le réceptable des vaches phtisiques, des porcs ladres, d'animaux de toute sorte qui rentrent ensuite dans la grande ville, soit sous forme de viandes foraines dont l'examen le plus attentif ne permet pas toujours de reconnaître l'origine, soit sous forme de saucisses ou pâtés où il est pratiquement impossible de reconnaître les parasites, quels qu'ils soient.

Est-il besoin de rappeler les faits scandaleux qui naguère, en Amérique ont si violemment soulevé l'opinion publique, quand nombre de fabriques aussi peu surveillées que les tueries dont nous venons de parler contribuaient comme elles

à l'alimentation publique en transformant en conserve de
tout genre des viandes invendables et jusqu'aux cadavres
mêmes d'animaux ayant succombé aux affections les plus
diverses ?

L'origine des accidents provoqués par l'ingestion de ces
conserves devenait alors facile à comprendre ; l'examen
macroscopique le plus attentif des boîtes ne suffit même
plus à mettre à l'abri d'intoxications, car dans la plupart des
empoisonnements observés, les boîtes paraissaient saines
aux moyens d'investigations usités en pareil cas : nulle
liquéfaction ou couleur spéciale de la gélatine, nulle odeur
de poisson altéré ou de morue salée, pas de saveur particulièrement fade ; le bombage lui même du couvercle n'impli-
quait l'indice d'un développement gazeux quelconque.

Tout cela s'explique assez bien : si la température à laquelle
ces viandes avaient été soumises à l'autoclave était suffisante
pour tuer la majorité des espèces microbiennes, elle n'avait
que peu d'action sur leur produit soluble, celui-ci ne pouvant
être détruit que par des températures beaucoup plus élevées.

Il était donc encore une fois de plus avéré que les accidents causés par les viandes toxiques résultaient non d'une
infection par les microbes vivants, mais d'une intoxication
par poison soluble.

Restait à déterminer la nature de cette toxalbumine soluble ; il fallut attendre pour cela qu'une série d'épidémies
retentissantes, comme celles qui éclatèrent successivement en
Belgique et en Allemagne de 1889 et 1901, vinssent susciter
de nouvelles recherches. C'est alors que parurent les travaux
vraiment remarquables de Gartner, Gaffky et Paak, en Allemagne ; de Denys, Dineur et surtout de Van Ermangen, en
Belgique.

De ces diverses études, il résulte que les prétendus cas de
botulisme sont de véritables maladies infectieuses causées par

des microbes spécifiques de nature bien déterminée et totalement différents des bactéries de la putréfaction.

Son seul agent pathogène est un microbe anaérobie qui, dans certaines conditions, insuffisament précisées il est vrai, élabore une substance douée d'un pouvoir toxique considérable. Ce microbe fut découvert en 1895 par M. Van Ermangen, professeur à l'Université de Gand, qui réussit à l'isoler dans des cultures faites avec une conserve de jambon, pendant l'épidémie d'Ellezelle (Hainault). Ce microbe qui est très voisin, sinon identique, au bacillus enteritidis, que le distingué professeur de l'Université d'Iéna, P. Gatner, isola des viandes lors de l'épidémie de Frankenhauser, est éminemment pathogène pour l'homme et les animaux ; inoculé à ceux-ci, il est capable de reproduire la maladie observée chez l'homme après l'ingestion de substances alimentaires qui le renferment. Les caractères sont les suivants :

Bacille très mobile, cilié, mesurant 1 à 2 μ, ne prenant pas le Gram mais se colorant par les différentes couleurs d'aniline, les parties médianes restant généralement plus claires. Ils sont ordinairement groupés par deux et parfois aussi entourés d'une zone claire ne se colorant pas. Ce microbe ne liquifie pas la gélatine ; il ne donne ni la réaction indolnitreuse, ni la réaction de l'indol. Il ne coagule pas le lait, qu'il rend légèrement alcalin, mais il fait fermenter très activement les sucres, glucose et mannite. Sur plaques de gélatine, les colonies profondes sont arrondies, jaûnatres, peu caractéristiques ; les colonies superficielles ressemblent beaucoup à la variété transparente du b. coli ; elles ont un aspect nacré, à bords arrondis ou légèrement festonnés, souvent ombiliqués. Sur bouillon, il se forme un trouble dans les 24 heures.

Ce bacillus botulinus est, d'après Van Ermangen, un véritable saprophyte puisqu'il n'est pas capable de se multiplier dans l'intestin ou les tissus. Il provoque des phénomènes d'intoxication grâce aux principes toxiques qui se trouvent dans son protoplasme ou dans les substrata morts où il se développe.

Cette toxine extrêmement nocive a été étudiée de près par Breiger et Kempner qui en ont précipité le principe actif et démontré qu'elle appartenait au groupe des toxalbumines comme les toxines diphtériques et tétaniques, mais, tandis qu'on admet aujourd'hui que les toxines les plus actives par voie sous cutanée (diphtérie et tétanos) sont tout à fait inoffensives et non immunigènes si on les introduit dans le tube gastro-intestinal, la toxine botulinique, au contraire, est caractérisée, par son pouvoir de causer de véritables phénomènes d'intoxications quand on l'a introduit dans le canal digestif. Ainsi donc, elle se rapprocherait plutôt des poisons d'origine végétale, ricine et abrine qui sont comme elle absorbées par par l'intestin, que des poisons microbiens ordinaires qui parcourent sans changements l'appareil digestif et sont rejettés intacts par l'anus. C'est au point que tout dernièrement le Dr A. Tchitchkine a entrepris l'immunisation de la toxine botulinique par voie gastro-intestale.

Il semblait qu'il n'y eut rien à reprendre de à pareilles observations, lorsqu'en mai 1904, une épidémie d'empoisonnement par la viande de cheval ayant éclaté à Neunkirchen (province de Trèves), vint complique une question qui parraissait définitivement tranchée.

Dans les cas étudiés par Von Drigalski, de Sarbrück, les accidents furent provoqués aussi par de la viande cuite à deux reprises différentes ; il s'agissait donc d'un poison thermo-stabile distinct de la toxine botulinique du bacile strictement anaérobie de Van Ermengen, laquelle ne résiste pas à une température de 60° à 70° C. D'un morceau de cette viande prélevée quatre semaines après l'abattage et des or-

ganes de souris et cobayes innoculés après les premières
cultures, fut isolé un bacille qui se rattache au groupe des
bacilles paratyphiques et des bacilles déjà décrits dans d'autres empoisonnements analogues : B. botulinus de V. Ermangen, B. de Noble, B. de Gartner. C'est d'ailleurs à ce dernier, que le bacille de Neunkirchen ressemble le plus. Il
donne du gaz avec tous les sucres, lactose et raffinose ex-
cepté ; il pousse bien sur agar au cristal violet (colonies
bleues) ; imperceptible sur pomme de terre ; il ne donne pas
d'indol, même en bouillon peptone à 10 0/0 ; le lait n'est pas
coagulé, mais il se clarifie au bout de dix à quinze jours. Une
culture de 12 jours en bouillon à 37° C chauffée pendant trois
heures à 70° C tue un cobaye en vingt-quatre heures à dose
de 4 c. cubes. La maladie spécifique est donc causée soit par
des bacilles virulents et producteurs de toxines soit par une
toxine détachée de ces corps bactériens.

Aucune personne ayant consommé fraîche (dans les quatre
premiers jours de la mise en vente) la viande de cheval n'a
été atteinte, bien que cette viande contint des bacilles, mais
vraisemblablement peu de bacilles et très peu de toxines.

A côté du bacille type de Van Ermangen existe donc une
catégorie de microbes capables comme lui de provoquer toute
une série de symptômes identiques à ceux des maladies
infectieuses. Fischer, le premier, parvint à démontrer par une
analyse minutieuse des circonstances que, dans une épidémie
de paratyphus qu'il observa à Kiel en 1904, la viande de
boucherie seule devait être incriminée. L'affection, en effet,
ne put être attribuée ni à l'eau de boisson, ni au lait consommé ; ce fut dans une viande malade qui souilla par
contact des viandes saines qu'on parvint à retrouver le germe
nocif.

Les derniers travaux parus à cette occasion ont fait voir
que le paratyphus serait dès lors plus contagieux que la fièvre

typhoïde vraie : le bacille paratyphique étant plus résistant que le bacille d'Eberth et succombant moins facilement que lui à la concurrence du coli-bacille.

Tous ces microbes de l'empoisonnement par les viandes et organismes voisins ont été récemment étudiés d'une façon magistrale par H. de R. Morgan qui, après quelques tâtonnements, parvint à établir deux groupes importants : celui du Bacillus enteritidis d'une part, et celui du Bacille paratyphique de l'autre. Ainsi furent isolés 21 échantillons du premier groupe et 10 du second.

La méthode agglutinative lui permit de les ranger dans les trois types suivants :

1° Bacill. enteritidis aertryke ou Hog choléra ;

2° Bacill. enteritidis type psyttacocis ;

3° Bacill. paratyphique à type inconnu.

Si nous nous demandons maintenant quelle sera la conclusion de pareils travaux nous verrons qu'elle est fort difficile à prévoir. Les faits sont encore trop récents pour qu'il nous soit permis de nous faire une opinion définitive à ce sujet. Tout ce que nous pouvons faire pour le moment est de nous associer aux idées émises par Trauttmann à propos de l'épidémie de Dusseldorf.

«... Dans les cas d'empoisonnement par la viande, le malade absorbe à la fois des microbes et des toxines qui se sont déjà développés chez le premier hôte. L'incubation varie de quelques heures à quelques jours et cela se comprend assez bien. Si la viande ingérée est très pauvre en toxines et en germes, la réaction initiale est faible ou nulle et il s'accomplit un nouveau développement chez le second hôte. Ces cas forment la transition avec le paratyphus.

Dans le paratyphus, en effet, c'est chez l'homme que les bacilles se développent jusqu'à quantité et virulence nocive.

Les symptômes sont analogues à ceux de l'empoisonnement par la viande, mais ils sont atténués et séparés les uns des autres, échelonnés sur un plus long intervalle de temps.

« En somme, l'empoisonnement typhique par la viande est la forme suraiguë, le paratyphus est la forme subaigüe d'une infection qui, dans son étiologie est due aux bacilles d'une même famille. »

Si nous appliquons maintenant les théories que nous venons de passer en revue à la petite épidémie dont nous avons été le témoin, nous pourrons ce nous semble en tirer quelques idées générales.

Ce qui nous a surtout frappé dans les cas d'intoxications carnées, c'est l'époque de l'année à laquelle se manifestent les empoisonnements. Très rares, pour ne pas dire inconnus pendant les mois de l'hiver, ces accidents sont au contraire très fréquents au moment des fortes chaleurs, c'est-à-dire des premiers jours de juin aux derniers jours du mois de septembre. Presque toutes les épidémies observées sont, en effet, comprises entre ces deux dates. (Epidémie de Morselle, Flandre Occidentale, 13 août 1892) ; épidémie de Souchez, (Pas-de-Calais, 25 juin 1894 ; épidémie de Sirault , Hainault, 20 août 1896 ; épidémie de Neunkirchen, 1er juin 1903, etc.)

Faut-il conclure à une exaltation de virulence de germes habituellement saprophytes sous l'influence de causes inconnues ou à une association microbienne du Bactérium Coli avec le B. pyocyanique par exemple ? Dans notre cas particulier elle s'expliquerait assez bien par l'usage d'une eau

suspecte puisque, nous l'avons déjà dit, les ouvriers avaient
fait usage comme boisson d'une eau provenant d'une fontaine
à ciel ouvert, située dans un coin de la ferme, à proximité de
fumiers. Nous ne saurions cependant affirmer qu'il en fut
ainsi. Sans vouloir admettre complètement, comme le fait
Pettenkopffer pour le choléra, que trois facteurs soient absolument nécessaires pour déterminer une épidémie, il nous semble cependant logique d'admettre que si le microbe est un
facteur d'une importance considérable, il n'est cependant pas
le facteur unique; il faut aussi tenir compte d'une foule de
conditions spéciales qui font que les individus sont plus ou
moins disposés à contracter la maladie.

Cela nous expliquerait jusqu'à un certain point pourquoi
la maîtresse de la ferme et son père qui n'avaient pas pris
part au travail de la moisson restèrent indemnes, bien qu'ayant
mangé la même nourriture que les travailleurs. Ces derniers,
en effet, surmenés par un travail prolongé au moment des
fortes chaleurs de l'été et offrant moins de résistance à l'infection que les deux personnes en question, furent sérieuse-
ment atteints. C'est là, nous le croyons, l'hypothèse la plus
vraisemblable, celle qui nous paraît en même temps la plus
rationnelle. Quant à affirmer la moindre des choses à ce sujet,
nous ne le pouvons et ne l'essayerons même pas. Pour
trancher une question aussi délicate, il aurait fallu se livrer
à des investigations que ne nous permettaient pas d'entre-
prendre les moyens mis à notre disposition. De plus, en raison
même du temps écoulé entre l'apparition des premiers
symptômes morbides et le moment ou fut commencée l'enquête du médecin délégué par la commission du Conseil
d hygiène départemental, il ne restait plus trace des éléments
propres à la constatation même des faits. C'est ainsi qu'il
fut impossible de retrouver la moindre parcelle de viande

incriminée, tout ce qui n'avait pas été consommé ayant été jeté.

Dans ces conditions, on s'en aperçoit maintenant, la nature et l'origine de l'épidémie était fort difficile à établir. Ce fut donc par une série de déductions et surtout par l'étude des symptômes morbides que fut posé le diagnostic de la maladie. Quoiqu'il en soit, ce qui est hors de doute et de tout conteste c'est que l'affection avec laquelle nous nous sommes trouvé en présence était bien réellement due à une intoxication carnée dans le genre de celle que nous avons décrit dans le cours de cet ouvrage.

*
* *

Nous resterions forcément incomplet, si nous n'indiquions en quelques lignes les erreurs et les confusions possibles auxquelles est exposé le praticien non prévenu en présence d'empoisonnement de ce genre.

En l'absence de toute notion d'épidémie et de renseignements sur les antécédents du malade, Van Ermangen admet lui-même la possibilité de confondre le botulisme, avec toute une série d'affections diverses, dont il emprunte le masque.

Dans sa forme suraiguë, les symptômes violents de gastro entérite pourraient faire soupçonner un empoisonnement par sels métalliques, comme le tartre stibié ou l'arsenic, si un interrogatoire serré et une observation attentive n'éliminaient assez facilement, du reste, pareille supposition. Mais, il faut bien en convenir, c'est surtout avec une attaque de choléra ou même de cholérine, que la distinction est parfois impossible. Se produisant comme eux, au moment des fortes chaleurs, la maladie en a toutes les allures cliniques et tous les symptômes caractéristiques : diarrhée abondante et fétide, crampes d'estomac, abattement profond, collapsus rapide. La ressemblance est parfois si frappante qu'un examen microscopique est nécessaire pour trancher le diagnostic et se prononcer d'une façon catégorique.

Mais ce n'est pas tout : la toxine botulinique, en se localisant sur le système nerveux des centres, provoque divers symptômes qui peuvent donner le change et faire croire à des lésions cérébrales ou médullaires : ophtalmoplégies, mydriase, troubles de l'accomodation, dysphagie, aphonie, troubles de la miction, paralysies et parésies des muscles striés, troubles cardiaques, etc., etc. (1).

Les confusions sont encore possibles avec, soit la paralysie asthénique bulbaire, soit le syndrome d'Erb, soit la polyencéphalo-myélite aiguë.

L'explication de ces phénomènes a été donnée par Marinesko, Kampner et Pollach : ils sont dus à la toxine botulinique qui agit particulièrement sur les cellules des cornes antérieures de la moelle. L'aspect des cellules se modifie complètement ; elles parviennent chez les animaux à l'état d'empoisonnement aiguë jusqu'au stade chromatolyse presque complète et de destruction ; les corpuscules de Nissl sont tranformés en masse poussiéreuse ; il y a enfin formation de lacunes à l'intérieur des cellules, par suite de la destruction de la substance chromatique.

La majorité des empoisonnements alimentaires ne revêt pas toujours le caractère de gravité qu'on observe dans les épidémies typiques de botulisme comme les précédentes. Il est

____

(1) C'est surtout chez le chat que s'observe le tableau le plus complet de l'intoxication botulinique des centres nerveux.

beaucoup plus fréquent de constater simplement quelques troubles gastro-intestinaux après l'ingestion de viandes légèrement
altérées ou de gibier faisandé. Tout se borne à des vomissements d'ailleurs inconstants et surtout à une diarrhée profuse,
quelquefois très fétide. Dans ces conditions, il s'agit encore
d'un processus d'intoxication dont les éléments prennent
naissance dans l'intestin sous l'influence de microbes que
renferment les aliments. Il n'est pas rare de voir des empoisonnements de ce genre se produire en France au moment
des fortes chaleurs et des périodes de manœuvres.

En ce qui concerne le diagnostic clinique de l'affection il
faut avoir surtout recours toutes les fois que cela est possible
à des ensemencements sur milieux électifs et au besoin
même à l'agglutination. Dans les cas contraires qui sont, il
faut bien l'avouer, la majorité, l'enquête est plus difficile à
mener et la preuve de la nature de l'épidémie parfois impossible à établir.

Ce qui est essentiel de retenir au point de vue pratique,
c'est que nombre d'embarras gastriques inexpliqués et même
de paratyphus ne connaissent pas d'autres causes.

*
* *

En présence de semblables empoisonnements dont le nombre s'accroît depuis quelques années dans de notables pro-
portions, soit que leur fréquence augmente réellement, soit
qu'on les distingue mieux des maladies dont ils empruntent
le masque, il est bon, ce nous semble, de nous demander si
nous sommes suffisamment protégés par la législation actuelle

et par les règlements de police sanitaire des animaux domestiques.

On croit de prime abord que la loi municipale de 1884 offre les garanties nécessaires à la sauvegarde de la santé publique en ce qui regarde l'inspection des viandes de boucherie ; mais cette loi, tout en défendant la circulation de viandes provenant de bêtes mortes de maladies, tolère cependant, avec l'avis favorable du vétérinaire et l'autorisation du maire, la mise en vente de cette même viande quand les animaux ont été abattus avant leur mort naturelle. Or, comme le proclame bien haut le docteur E. Valin : « Est-il admissible que la viande d'une bête abattue à deux heures de la nuit parce que la mort était proche ne soit pas aussi dangereuse que celle du même animal qui serait mort de sa mort naturelle, à 8 heures du matin ? »

De plus, dans la majorité des circonstances, la législation actuelle n'est malheureusement pas appliquée comme elle devrait l'être. A Paris et dans quelques grandes villes seulement, la vente des denrées alimentaires est surveillée d'une façon efficace. Tout ce qui arrive sur le marché est visité par des vétérinaires exercés et d'une compétence parfaite et rien ne peut échapper à leur contrôle. Mais il est loin d'en être de même partout ; dans le plus grand nombre de localités, l'inspection est insuffisante ou n'existe même pas du tout.

Si nous rappelons alors, comme nous l'avons déjà dit, que la plupart des accidents par nous relatés étaient dus à l'absence d'une inspection sérieuse des viandes, nous nous associerons de notre mieux au projet de loi déjà émis par M. Nocard, à savoir : « Toute viande destinée à l'alimentation ne pourra être colportée et vendue que si elle est pourvue d'une estampille prouvant qu'elle a été reconnue saine par un inspecteur compétent. »

Remarquons aussi que tout ce que nous venons de dire à

propos de la viande de boucherie est applicable aux viandes conservées en boîte. De l'avis même de MM. Monnier et Huon, un des meilleurs moyens de prophylaxie contre les accidents provoqués par l'usage de conserves alimentaires est encore une inspection sérieuse et raisonnée des viandes abattues.

Mais si l'examen sanitaire constitue une excellente sauvegarde, il ne saurait cependant y avoir rien d'absolu à cet égard: en maintes occasions on a vu des troubles sérieux produits par une viande jugée saine au moment de l'abattage. C'est pourquoi il convient, pour plus de sécurité, d'éliminer systématiquement de l'alimentation les viandes crues ou mal cuites (viandes hâchées, pâtés ou saucisses) dont on peut suspecter l'origine.

OBSERVATION

Le malade dont il est question avait été transporté le 8 septembre 19...,à l'Hôtel-Dieu de Rennes,salle St-Louis,n° 1, où, après l'avoir examiné, nous avons observé ce qui suit :

Aspect général. — Le malade est dans un état de grande prostration, analogue à celui des typhiques ; il a le regard étonné et reste sans mouvement dans son lit. Le corps est couvert de sueur,le pouls petit,39° C de température. Interrogé,le malade s'efforce de répondre, mais il ne parvient pas à articuler de manière à rendre sa réponse compréhensible. L'impression qu'on ressent en le voyant est qu'on se trouve en présence d'un typhique.

Examens des appareils. — Du côté de l'appareil digestif, on note une langue sèche, tremblotante, recouverte d'un enduit marron foncé et fendillé. L'adomen est ballonné. La rate et le foie ne sont pas augmentés de volume. Les autres appareils ne présentent rien d'anormal.

Examen des excréta.— L'urine seule a été examinée : elle contenait une quantité très notable d'albumine.

Évolution.— Le malade a été mis au régime lacté dès son arrivée. Il vomissait la plus grande partie de ce qu'il prenait et les vomissements persistant en dehors de toute alimentation devenaient muqueux. Ils s'accompagnaient d'une diarrhée

peu intense qu'on a combattu par le diascordium qui, avec
l'alcool à dose de 20 grammes par jour et le café, ont cons-
titué tout le traitement.

L'état du malade est resté stationnaire pendant les trois
premiers jours de son entrée à l'Hôtel-Dieu. C'est au quatrième jour seulement que les symptômes ont diminué d'intensité ; l'état de prostration s'est surtout beaucoup amendé :
il a pu répondre aux questions qu'on lui a posées.

La diarrhée et les vomissements ont persisté jusqu'au
20 septembre ; à ce moment la température est redevenue
normale, l'albumine avait disparu aussi des urines. On rem-
place enfin le régime lacté par le régime mixte. Le malade
semble complètement rétabli.

———

BIBLIOGRAPHIE

Guégand. — Sur divers cas d'empoisonnements à la suite d'ingestion de conserves altérées (Thèse de Paris; 1885).

Hermann. — Intoxication carnée de Sirault (Archives de médecine expérimentale, 1889).

Valin. — Les intoxications par viande de veau (Revue d'hygiène, 1895).

Reinlinger. — Accidents causés par viandes conservées en boîte (Annales d'hygiène et de médecine légale, 1896).

Ossipoff. — Influence de l'intoxication botulinique sur le système nerveux central (Annales de l'Institut Pasteur, 1900).

Ogier. — Toxicologie (tome I).

Monnier et Huon. — Accidents produits par les conserves de viandes, leur cause, moyen de les éviter (Revue générale de médecine vétérinaire, 1904).

Fischer. — Sur épidémie de paratyphus (Bull. Institut Pasteur, 1904).

Drigalsky. — Empoisonnement causé par la viande de cheval (Bull. Institut Pasteur, 1904).

Roger. — Les maladies infectieuses (tome I).

Tchitchkine. — Essais d'immunisation contre la toxine botulinique par voie gastro-intestinale (Annales de l'Institut Pasteur, 1905).

Forsmann. — Etudes sur la production d'antitoxines au cours de l'immunisation contre le botulisme (Annales de l'Institut Pasteur, 1905).

H. de R. Morgan. — Microbes de l'empoisonnement par les viandes et organismes voisins (Bull. Institut Pasteur, 1905).

Vu et approuvé :
Montpellier, le 6 décembre 1906.
Le Doyen,
Mairet.

Vu et permis d'imprimer :
Montpellier, le 6 décembre 1906.
Le Recteur,
A. Benoist.

SERMENT

En présence des Maîtres de cette École, de mes chers condisciples, et devant l'effigie d'Hippocrate, je promets et je jure, au nom de l'Être suprême, d'être fidèle aux lois de l'honneur et de la probité dans l'exercice de la Médecine. Je donnerai mes soins gratuits à l'indigent, et n'exigerai jamais un salaire au-dessus de mon travail. Admis dans 'intérieur des maisons, mes yeux ne verront pas ce qui s'y passe; ma langue taira les secrets qui me seront confiés, et mon état ne servira pas à corrompre les mœurs ni à favoriser le crime. Respectueux et reconnaissant envers mes Maîtres, je rendrai à leurs enfants l'instruction que j'ai reçue de leurs pères.

Que les hommes m'accordent leur estime si je suis fidèle à mes promesses! Que je sois couvert d'opprobre et méprisé de mes confrères si j'y manque!